LES BÊTES POUR

LES PETITS ENFANTS

LES BÊTES

PETITES FILLES
ET PETITS GARÇONS

Voici des images et des histoires.

Les images représentent des bêtes et les histoires parlent des bêtes.

Les images vous amuseront et les histoires vous instruiront.

S'instruire, c'est apprendre toutes sortes de choses, et apprendre est très amusant.

Vous savez déjà qu'être bête, c'est ne rien comprendre, ne rien apprendre....

En lisant bien vite le livre des bêtes, prouvez donc que vous n'êtes pas des bêtes : les bêtes ne pourraient pas en faire autant.

LES BÊTES

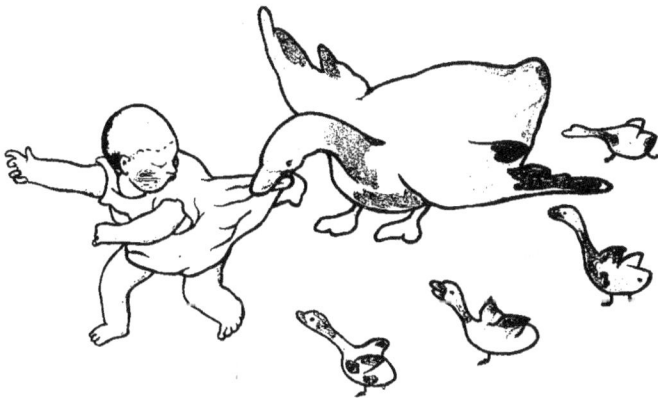

Illustrations de Bricard.   Texte de Moreau-Vauthier.

LIBRAIRIE HACHETTE ET Cie

79, BOULEVARD SAINT-GERMAIN, PARIS

Le Coq.

Les poules pondent les œufs.

Le coq les vend.

Il crie très fort, comme les marchands dans les rues, pour que tout le monde l'entende :

« Co-co !.... Co-co-ri-co ! »

Il veut dire :

« Les beaux cocos !.... Les cocos frais, à cuire à la coque ! »

Mais j'aperçois, là-bas, la bonne qui vient avec son grand couteau... Mon pauvre coq, tu vas devenir un beau coq à cuire à la broche...

Le Poisson.

Le petit poisson est étourdi et gourmand.

Il nageait dans l'eau, il était très heureux, quand il a vu quelque chose de bon au bout de la ligne du pêcheur. Il a voulu le prendre et c'est lui qui a été pris.

On voit souvent des enfants étourdis et gourmands comme le petit poisson. Ils touchent à tout et fourrent tout dans leur bouche. Un beau jour, ils ont des coliques ou des indigestions pour avoir mangé de mauvaises choses qu'ils croyaient bonnes.

La Poule.

La poule est une maman qui a beaucoup, beaucoup d'enfants.

Même quand ils ne sont encore que de très petits poulets, ils savent aller et venir tout seuls ; ils marchent tout seuls. Ils courent tout seuls. Ils mangent tout seuls, comme s'ils étaient déjà grands.

C'est très commode pour cette maman-là. Aussi peut-elle avoir beaucoup d'enfants à la fois.

Les voyez-vous prendre le grain qu'on leur jette ? Il n'y a pas besoin de s'occuper d'eux. Ils mangent aussi vite, aussi bien que les gros poulets.

Le Cheval. ▨▨▨▨▨▨▨▨▨▨▨▨▨▨▨▨▨

Le cheval très gros, très fort, est tout de même très doux. C'est un travailleur bon, honnête et infatigable.

On l'a appelé *l'ami de l'homme*. On a eu raison : il sait l'aider à travailler dans les champs, à se promener dans les villes et même à se battre à la guerre. Il l'accompagne dans ses travaux, dans ses plaisirs et, s'il le faut, il se fait tuer avec lui.

Le Cochon d'Inde.

On voit des gens qui portent des noms bizarres. Et des bêtes aussi : le cochon d'Inde est du nombre.

C'est un animal très doux, très propre, très gentil. Il ne faut pas lui en vouloir de son nom et il faut l'estimer malgré tout.

Ses beaux yeux, très vifs, très noirs, sont tout ronds. Son poil très blanc, taché de jaune, rappelle la couleur du marron d'Inde.

Cochon d'Inde, marron d'Inde, ils sont peut-être parents.

Le Papillon. ◼◼◼◼◼◼◼◼◼◼◼◼◼◼

Le papillon cherche une fleur.

Il vole, il vole ; il va, vient, revient, repart, s'arrête de temps en temps pour se reposer. Il est joli et inoffensif; aussi les enfants qui le prennent avec des filets, ressemblent-ils aux brigands qui attaquent les voyageurs sur les routes.

Il faut laisser le papillon tranquille. Vole, vole, vole, beau papillon.

C'est ce que crie le jardinier, là-bas :

« Laissez donc les papillons tranquilles ! »

La Chèvre.

La chèvre a du bon lait comme la vache, mais elle est plus petite, plus vive, plus gaie que la vache.

Elle aime courir, sauter, jouer.

La chèvre est une amie pour les enfants.

Cette maman-là en profite. Elle met son bébé sur la chèvre. Et le voilà qui joue à se tenir comme un cavalier sur un vrai cheval.

Le Rat. ▨ ▨ ▨ ▨ ▨ ▨ ▨ ▨ ▨ ▨ ▨ ▨ ▨ ▨ ▨ ▨ ▨ ▨

De vilaines bêtes, les rats.

Oh! ils doivent le savoir: ils se cachent dans de vilains trous pour qu'on ne les voie pas.

Mais quand ils sortent pour inventer quelque mauvais tour, Vli! Vlan! les coups de balais: « Retournez vous cacher, messieurs les rats! »

Et voyez comme ils se dépêchent... Sans cela, gare au balai! et aussi gare au chien qui va les tuer à coups de dents.

L'Ane.

On devrait dire malin comme un âne. On dit le contraire : on a tort.

Malgré ses longues oreilles qu'il remue à droite à gauche d'un air bête et ignorant, il sait beaucoup de choses et il n'est pas bête du tout.

Il ressemble au paysan qui se donne une mine imbécile pour mieux tromper les gens et faire ce qu'il veut.

Vous pouvez être sûr que celui-ci est aussi rusé que son maître, et qu'il invente autant de malices dans sa vie d'âne que son maître en fait dans son petit commerce.

Le Moineau.

La neige est belle, mais elle est triste, très triste. Elle fait des malheureux partout, chez les animaux comme chez les gens.

Les moineaux, quand il a neigé, ont froid et ont faim. Ils ne trouvent plus à manger dans cette neige qui cache toute la terre.

Ils sont comme des pauvres.

Il faut leur donner, à eux aussi, un peu de pain.

Le Paon.

Il n'y a pas de quoi être fier, quand on a de beaux habits. Regardez le paon. Malgré ses belles plumes, on ne l'aime pas, et dès qu'il parle, on se sauve pour ne pas entendre son vilain cri.

Ses beaux habits ne l'empèchent pas d'avoir l'air bète et de mal parler.

Le paon est un oiseau bien habillé mais mal élevé.

Le Chat. ■■■■■■■■■■■■■■■■■■■

A la campagne, on aperçoit des chats sauvages. Ils ont l'air inquiet des rôdeurs sur les routes.

Dans nos appartements, nous avons des chats distingués, caressants et tranquilles. Mais il ne faut pas se fier à leurs caresses et à leur tranquillité.

Ils ont des griffes comme leurs frères, les chats de la campagne, et quand ils aiment quelque chose, ils savent bien le prendre sans permission, comme des voleurs.

Le Cochon.

Regardez comme les cochons sont roses et jolis quand ils sont propres.

Ils ressemblent à de gros bébés bien portants.

Mais qu'ils sont laids quand ils sont sales!

Le Bon Dieu a fait les cochons pour montrer aux enfants à quoi ils ressemblent quand ils ne sont pas débarbouillés.

Le Chien.   ◼◼◼◼◼◼◼◼◼◼◼◼◼◼◼◼◼

Avec sa grosse voix, le chien est effrayant quand il aboie. Il est effrayant avec sa grosse tête et ses grosses pattes, quand il court. Mais quand il est tranquille, bien sage et qu'il voudrait qu'on lui donne quelque chose de bon à boire ou à manger, il sait être poli, très poli.

C'est une bête comme il faut, qui ne se tient pas toujours bien mais qui connaît les bonnes manières.

Certainement, ce petit bébé va lui donner le reste de sa tasse de lait.

Le Mouton.   ◼ ◼ ◼ ◼ ◼ ◼ ◼ ◼ ◼ ◼ ◼ ◼ ◼ ◼ ◼

Le mouton crie : « Bé !... Béé !... » parce qu'il voudrait appeler son Berger.

Mais comme les bêtes ne parlent pas, il ne peut pas en dire davantage.

Il crie : « Bé !... Béé !... Béééé ! » Et puis c'est tout. Le berger comprend tout de même, et son chien aussi.

Les petits enfants ne sont pas comme les moutons ; il faut qu'ils apprennent à dire autre chose que Bé ! Béé ! Ils doivent savoir parler poliment et convenablement pour que tout le monde les comprenne.

Le Canard.

Il y a des bêtes pas trop bêtes. Le canard est une bête tout à fait bête.

« Coin, coin, coin, disent les canards. La bonne, que portez-vous là, dans ce plat ? Ça doit être bien bon à manger, bien bon, bien bon.

—Coin, coin, coin, dit la bonne, ce que je porte là est bien bon, bien bon, en effet. C'est un canard, coin, coin, que mes maîtres vont manger. Et votre tour viendra, coin, coin, d'être là, dans ce plat. »

Le Poisson de mer.   ▣ ▣ ▣ ▣ ▣ ▣ ▣ ▣ ▣

Le pêcheur dit au petit bébé :

« Tu vois ce gros poisson comme il baille...

Il s'ennuie parce qu'il n'est plus dans la mer, parce qu'il ne peut plus aller, venir, nager... Il s'ennuie tant qu'il en meurt... C'est si ennuyeux de ne plus rien faire! »

Il faut jouer si on est petit, travailler dès que l'on commence à grandir : Comme cela, on ne s'ennuie jamais.

Le Cygne.

Les cygnes font des manières.

Ils se promènent ensemble sur l'eau comme de belles dames très fières de leur cou long et de leur robe blanche, qui ne pensent qu'à se regarder marcher et ne savent pas quoi dire.

Mais voilà une petite fille qui leur offre du pain. Les cygnes oublient de faire des manières et se dépêchent d'approcher.

Il y a des petits enfants comme cela, qui oublient leur beau chapeau, leur beau costume, dès qu'ils aperçoivent une tartine de confiture.

Il ne faut pas être gourmand mais il ne faut pas non plus être coquet.

La Vache.

Que c'est bon, du bon lait. Quelles bonnes bêtes que les vaches qui nous le donnent.

On n'aimera jamais trop de si bonnes bêtes qui nous nourrissent.

Elles sont très simples, très tranquilles, comme des gens toujours occupés à rendre service et qui ne songent pas à s'en vanter.

Si on ne pense pas à les aimer autant qu'elles le méritent, c'est peut-être à cause de leur taille énorme : c'est encombrant à aimer, les gens si gros que cela.

Les Pigeons.

Les pigeons sont des voyageurs.

Ils aiment bien le pain qu'on leur donne, mais ils se méfient. Ils craignent qu'on ne les prenne.

Si on les prenait, on les mettrait peut-être dans des pigeonniers, dans des cages où ils seraient comme en prison. Ils ne pourraient plus voyager.

Ce petit bébé voudrait prendre le pigeon et le caresser, mais il aura beau faire : le pigeon ne se laissera pas prendre. Il aime mieux ne pas manger ce morceau de pain. Il a trop peur d'être enfermé.

L'Oie.

On dit : bête comme une oie. On devrait dire aussi : méchant comme une oie.

Voilà un bébé qui va être mordu par cette méchante oie, si sa maman n'arrive pas à temps pour l'emporter.

Quand on est méchant, on est toujours bête, car il est bête d'être méchant. Ça rend triste, ça rend malheureux.

Combien on est heureux, au contraire, quand on est bon et qu'on fait plaisir à tout le monde.

Les Lapins.

Les lapins de chou sont des gens tranquilles et timides qui aiment à rester chez eux.

On a fait sortir ceux-ci pour leur donner à manger, mais soyez sûr qu'ils ne tarderont pas à rentrer tout seuls, sans qu'on le leur dise, dans la cabane qui leur sert de maison.

Les lapins sont de braves gens, sans prétention, sans ambition, qui vivent modestement en famille.

Et comme ils ont beaucoup d'enfants, ils ne s'ennuient jamais.

Le Dindon.

Voilà une bête qui se fait du mauvais sang !

Mon Dieu ! mon Dieu ! quelles colères conti-
nuelles et quelles vilaines rages ! Et toujours
pour rien, rien du tout, pour, simplement, le
besoin de se fâcher, de se gonfler, de devenir
rouge, rouge, rouge !

Quand on est en colère, on devrait penser au
dindon et se dire : « Je ressemble au dindon,
je suis rouge comme le dindon : Je suis un
dindon. »

Table des Matières

❦ ❦ ❦